패턴블록
퍼즐

Unit

01

도형

패턴블록 ——————— 4

01 패턴블록 살펴보기   02 크기 비교하기
03 둘레 구하기 ①   04 둘레 구하기 ②

Unit

02

도형

다각형 만들기 ——————— 14

01 다각형 알아보기   02 다각형 만들기 ①
03 다각형 만들기 ②   04 다각형 만들기 ③

Unit

03

도형

모양 만들기 ——————— 24

01 수 모양 만들기   02 모양 만들기 ①
03 모양 만들기 ②   04 모양 나누기

Unit

04

수와 연산

분수 ——————— 34

01 패턴블록과 분수   02 분수로 나타내기
03 분수의 덧셈   04 분수의 뺄셈

부록
103, 105

※ 패턴블록(103쪽)과 주사위 전개도(105쪽)를 학습에 활용해 보세요.

Unit **05**

도형

도형의 이동 ———————— 44

01 도형의 이동 02 도형 뒤집기
03 도형 돌리기 04 뒤집고 돌리기

Unit **06**

도형

각도 ———————————— 54

01 각도 알아보기 02 90° 만들기
03 정십이각형 만들기 04 한 점에서 모으기

Unit **07**

규칙성

규칙 찾기 ———————— 64

01 패턴과 규칙 02 규칙 찾기 ①
03 규칙 찾기 ② 04 테셀레이션

Unit **08**

문제 해결

패턴블록 퍼즐 ——————— 74

01 퍼즐의 규칙 02 연산 퍼즐
03 연결 퍼즐 ① 04 연결 퍼즐 ②

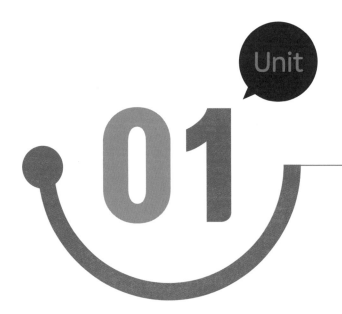

패턴블록

| 도형 |

패턴블록을 이루는 도형에 대해 알아봐요!

Unit 1
01 **패턴블록 살펴보기**

Unit 1
02 **크기 비교하기**

Unit 1
03 **둘레 구하기 ①**

Unit 1
04 **둘레 구하기 ②**

01 패턴블록 살펴보기 | 도형 |

패턴블록을 살펴보고, 각 도형의 이름을 찾아 써넣어 보세요.

| 정삼각형 | 정사각형 | 사다리꼴 | 정육각형 |

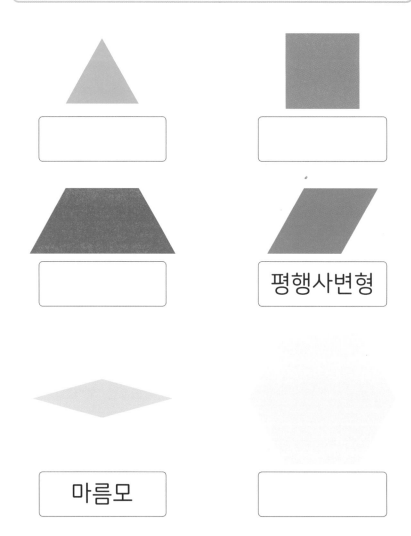

평행사변형

마름모

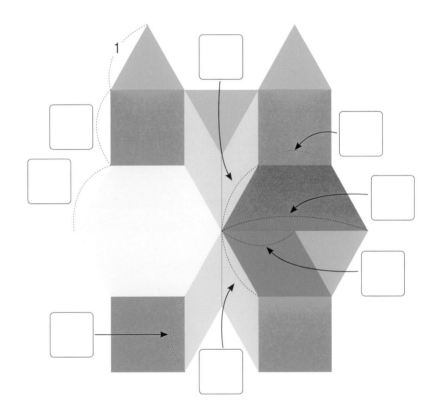
패턴블록으로 다음과 같은 도형을 만들었습니다. 패턴블록 정삼각형의 한 변의 길이를 1이라고 할 때, 각 도형의 변의 길이를 각각 구해 보세요.

Unit
01

1

◉ 패턴블록의 도형은 사다리꼴의 제일 긴 변을 제외한 모든 변의 길이가 (같습니다 , 다릅니다).

◉ 사다리꼴의 제일 긴 변은 다른 변의 길이의 ☐ 배입니다.

정답 ⟫ 86쪽

02 크기 비교하기 | 도형 |

패턴블록 정삼각형의 크기를 1이라고 할 때, 각 도형의 크기는 정삼각형의 몇 배인지 구해 보세요.

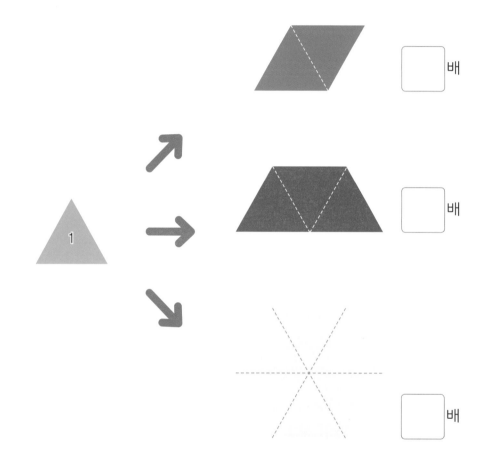

배

배

배

? 패턴블록 정육각형의 크기는 평행사변형과 사다리꼴의 크기의 몇 배인지 각각 구해 보세요.

패턴블록을 이용하여 크기가 같은 오각형을 만들었습니다. 오각형을 이루는 정사각형과 마름모의 크기를 비교해 보세요.

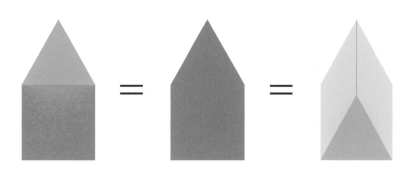

→ 패턴블록 정사각형의 크기는 마름모의 크기의 ☐ 배입니다.

정답 ≫ 86쪽

패턴블록 정삼각형의 한 변의 길이를 1이라고 할 때, 각 도형의 둘레를 구해 보세요.

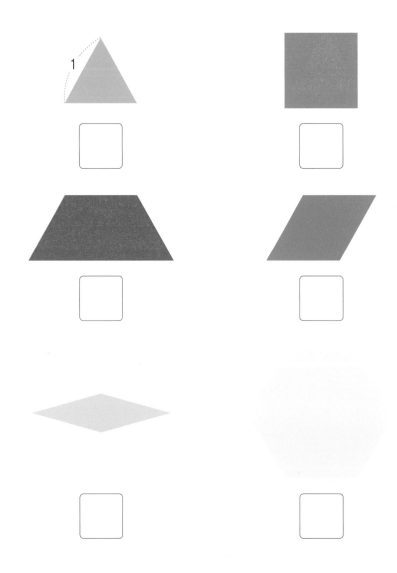

패턴블록으로 다음과 같은 도형을 만들었습니다. 주어진 한 변의 길이
가 다음과 같을 때, 각 도형의 둘레를 구해 보세요.

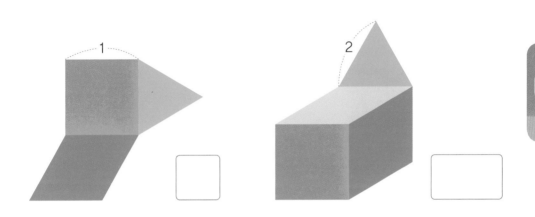

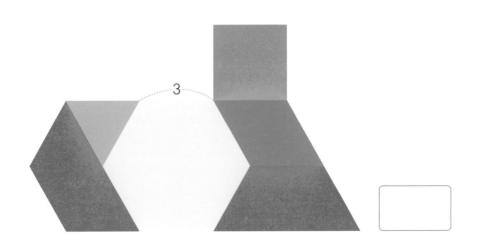

둘레 구하기 ② | 도형 |

패턴블록 정삼각형의 한 변의 길이를 1이라고 할 때, 주어진 도형을 서로 겹치지 않게 빈틈없이 이어 붙여 둘레가 다른 도형을 만들려고 합니다.

◉ 주어진 도형을 모두 사용하여 둘레가 가장 작은 도형을 만들고, 만들어진 도형의 둘레를 구해 보세요.

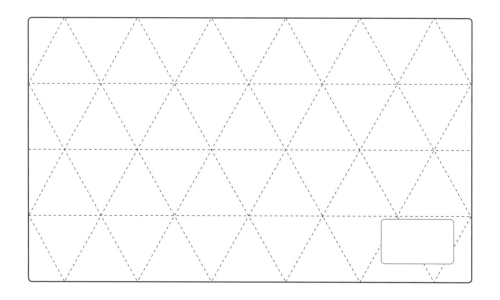

● 주어진 도형을 모두 사용하여 둘레가 가장 큰 도형을 만들고, 만들어진 도형의 둘레를 구해 보세요.

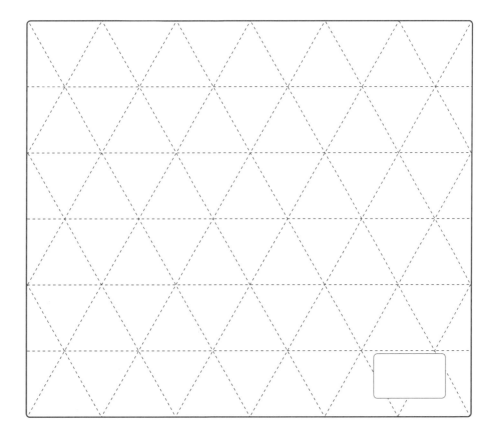

→ 도형을 만들 때 주어진 도형의 변이 많이 겹칠수록 만들어진 도형의 둘레가 (짧아, 길어)지고, 변이 많이 겹치지 않을수록 만들어진 도형의 둘레가 (짧아, 길어)집니다.

정답 ▶ 87쪽

다각형 만들기

| 도형 |

패턴블록으로 다각형을 만들어 봐요!

Unit 2 01 다각형 알아보기

Unit 2 02 다각형 만들기 ①

Unit 2 03 다각형 만들기 ②

Unit 2 04 다각형 만들기 ③

다각형 알아보기 | 도형 |

도형을 보고 빈칸에 알맞은 말을 써넣어 보세요.

◉ 선분으로만 둘러싸인 도형은 [　], [　], [　]이고,

[　]이라고 합니다.

◉ 변이 3개인 도형은 [　]이고, [　]이라고 합니다.

◉ 변이 4개인 도형은 [　]이고, [　]이라고 합니다.

◉ 변이 5개인 도형은 [　]이고, [　]이라고 합니다.

→ [　]으로만 둘러싸인 도형을 다각형이라고 하고,

■각형이면 변의 개수와 꼭짓점의 개수가 [　]개입니다.

다각형을 보고 빈칸에 알맞은 말을 써넣어 보세요.

- 변의 길이가 모두 같은 다각형은 ☐, ☐, ☐, ☐ 입니다.

- 각의 크기가 모두 같은 다각형은 ☐, ☐, ☐, ☐ 입니다.

- 변의 길이가 모두 같고 각의 크기가 모두 같은 다각형은

  ☐, ☐, ☐ 입니다.

→ 변의 길이가 모두 같고 각의 크기가 모두 같은 다각형을

  ☐ 이라고 합니다.

정답 ▶ 88쪽

다각형 만들기 ① | 도형 |

주어진 개수의 패턴블록을 사용하여 정삼각형을 만들어 보세요.

(단, 같은 모양의 패턴블록을 여러 개 사용할 수 있습니다.)

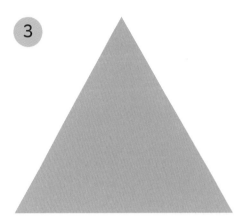

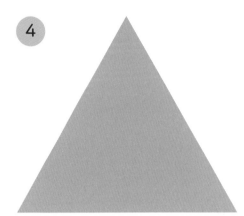

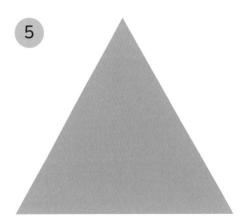

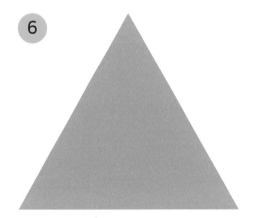

패턴블록으로 빈 곳을 채워 사각형을 완성해 보세요.

(단, 같은 모양의 패턴블록을 여러 개 사용할 수 있습니다.)

정답 ≫ 88쪽

다각형 만들기 ② | 도형 |

주어진 패턴블록을 모두 한 번씩만 사용하여 오각형을 만들어 보세요.

주어진 패턴블록을 모두 한 번씩만 사용하여 육각형을 만들어 보세요.

패턴블록 6개로 빈 곳을 채워 육각형을 완성해 보세요.

(단, 같은 모양의 패턴블록을 여러 개 사용할 수 있습니다.)

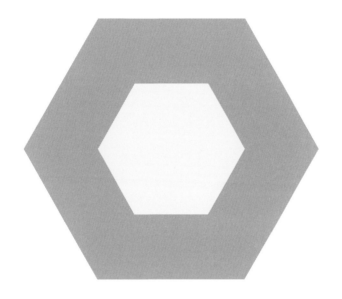

(?) 패턴블록 정삼각형, 사다리꼴, 평행사변형을 각각 1개 이상씩 사용하여 위의 빈 곳을 채워 육각형을 만들고, 방법을 설명해 보세요.

정답 ◉ 89쪽

다각형 만들기 ③ | 도형 |

패턴블록으로 빈 곳을 채워 육각형을 완성해 보세요.

(단, 같은 모양의 패턴블록을 여러 개 사용할 수 있습니다.)

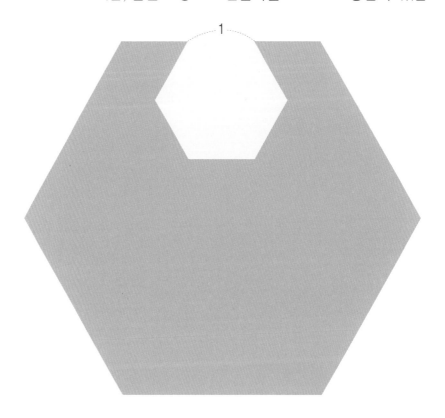

◉ 패턴블록 정육각형의 한 변의 길이가 1이므로 완성한 도형의 한 변의 길이

는 ☐ 으로 모두 같고, 여섯 각의 크기도 모두 같습니다. 따라서 완성한

도형은 ☐ 입니다.

패턴블록으로 빈 곳을 채워 팔각형을 완성하고, 완성한 도형이 정팔각형인지 아닌지 이유를 설명해 보세요. (단, 같은 모양의 패턴블록을 여러 개 사용할 수 있습니다.)

⊙ 완성한 도형은 정팔각형 (입니다, 이 아닙니다).

⊙ 이유:

정답 ≫ 89쪽

03

모양 만들기

| 도형 |

패턴블록으로 여러 가지 모양을 만들어 봐요!

Unit 3
01 **수 모양 만들기**

Unit 3
02 **모양 만들기 ①**

Unit 3
03 **모양 만들기 ②**

Unit 3
04 **모양 나누기**

01 수 모양 만들기 | 도형 |

패턴블록으로 다음과 같은 모양의 두 자리 수를 만들었습니다. 빈칸에 알맞은 수를 써넣어 보세요.

⊙ 패턴블록으로 만든 두 자리 수는 [ ] 입니다.

⊙ 십의 자리 수는 ■ [ ] 개, ⬣ [ ] 개,

◇ [ ] 개로 만들었습니다.

⊙ 일의 자리 수는 ▲ [ ] 개, ■ [ ] 개,

▱ [ ] 개로 만들었습니다.

주어진 개수의 패턴블록으로 빈 곳을 채워 수 모양을 각각 완성해 보
세요.

정답 ▶ 90쪽

△ : 3개

▢ : 2개

▱ : 3개

▽ : 3개

△ : 4개

▢ : 10개

▱ : 4개

▽ : 6개

모양 만들기 ① ∣ 도형 ∣

주어진 패턴블록을 가장 적은 수로 사용하여 제시된 모양을 만들어 보세요. 또, 사용한 패턴블록의 개수를 빈칸에 써넣어 보세요. (단, 주어진 패턴블록을 각각 1개 이상 반드시 사용해야 합니다.)

◉ 화살표

▲ : 1 개

■ : ⬜ 개

⬛ : ⬜ 개

◉ 육각별

▲ : ⬜ 개

◢ : ⬜ 개

◉ 정삼각형

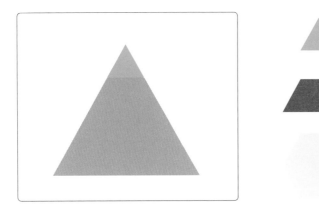

: 1 개

: 개

: 개

◉ 하트

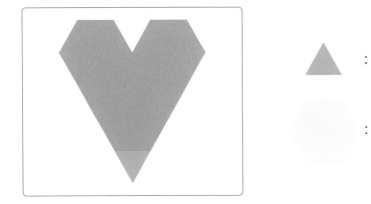

: 개

: 개

모양 만들기 ② | 도형 |

패턴블록으로 다음과 같은 자동차 모양을 직접 만들어 보고, 사용한 패턴블록의 개수를 써넣어 표를 완성해 보세요.

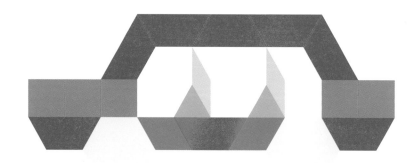

모양	▲	■	◢
개수(개)			
모양	⬢	◇	
개수(개)			

패턴블록으로 다음과 같은 달팽이 모양을 직접 만들어 보고, 사용한 패턴블록의 개수를 써넣어 표를 완성해 보세요.

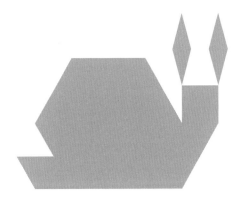

모양			
개수(개)			
모양			
개수(개)			

정답 ▶ 91쪽

04 모양 나누기 | 도형 |

패턴블록으로 여러 가지 모양을 만들려고 합니다. 조건을 만족하도록 제시된 모양을 패턴블록 모양으로 각각 나누고, 직접 만들어 보세요.

◉ 조건: 삼각형 1개, 사각형 5개로 나눕니다.

◉ 조건: 삼각형 2개, 사각형 7개, 육각형 1개로 나눕니다.

사각형에는 사다리꼴, 평행사변형,
마름모, 정사각형 등이 포함돼요.

◉ 조건: 삼각형 3개, 사각형 7개, 육각형 1개로 나눕니다.

◉ 조건: 삼각형 1개, 사각형 13개, 육각형 1개로 나눕니다.

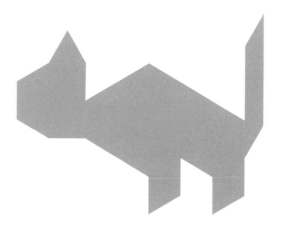

정답 ▶ 91쪽

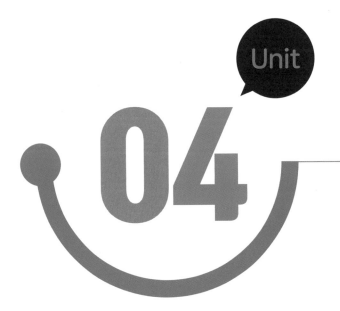

Unit

04

분수

| 수와 연산 |

패턴블록으로 분수를 나타내고 계산해 봐요!

Unit 4
01 패턴블록과 분수

Unit 4
02 분수로 나타내기

Unit 4
03 분수의 덧셈

Unit 4
04 분수의 뺄셈

패턴블록과 분수 | 수와 연산 |

패턴블록 정육각형의 크기를 1이라고 할 때, 정삼각형, 평행사변형, 사다리꼴의 크기를 각각 분수로 나타내어 보세요.

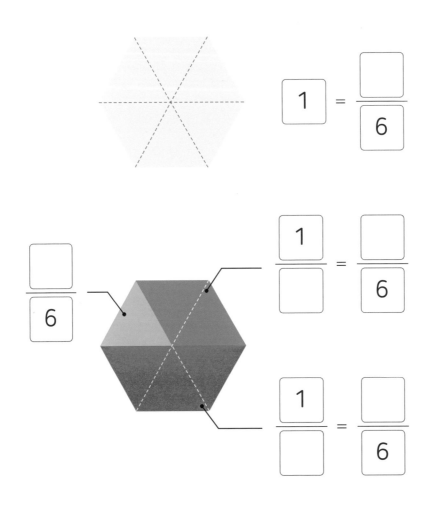

$$1 = \frac{\square}{6}$$

$$\frac{\square}{6}$$

$$\frac{1}{\square} = \frac{\square}{6}$$

$$\frac{1}{\square} = \frac{\square}{6}$$

분모가 같을 경우, 분모는 그대로 두고
분자끼리 더하거나 빼요.

$\dfrac{3}{6} + \dfrac{4}{6}$ 를 패턴블록으로 나타내어 보고, 값을 구해 보세요.

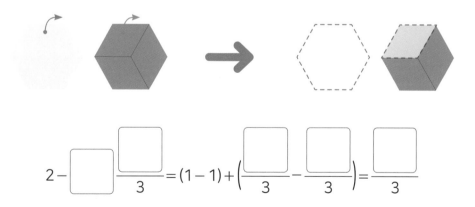

$$\dfrac{3}{6} + \dfrac{4}{6} = \dfrac{\boxed{} + \boxed{}}{6} = \dfrac{\boxed{}}{6} = \boxed{}\dfrac{\boxed{}}{6}$$

패턴블록을 보고 알맞은 분수의 뺄셈식으로 나타내어 보세요.

$$2 - \boxed{}\dfrac{\boxed{}}{3} = (1-1) + \left(\dfrac{\boxed{}}{3} - \dfrac{\boxed{}}{3} \right) = \dfrac{\boxed{}}{3}$$

Unit
04

02 분수로 나타내기 | 수와 연산 |

패턴블록으로 다음과 같은 도형을 직접 만들어 보고, 만든 도형을 이루는 정삼각형, 평행사변형, 사다리꼴들의 크기의 합을 각각 분자가 1인 분수로 나타내어 보세요.

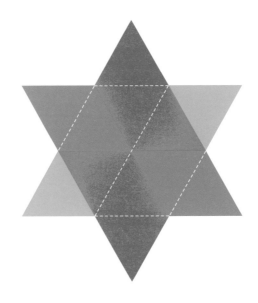

구분	전체	▲	▱	⬯
분수	1			

샘쌤 Tip

분모와 분자가 더이상 나눠지지 않는
분수를 기약분수라고 해요.

패턴블록으로 다음과 같은 도형을 직접 만들어 보고, 만든 도형을 이루는 정삼각형, 정육각형, 평행사변형, 사다리꼴들의 크기를 분모와 분자가 더이상 나눠지지 않는 분수로 나타내어 보세요.

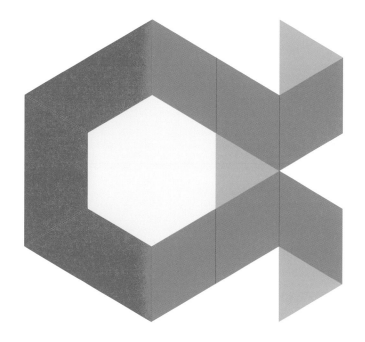

구분	전체	▲	▱	⬭	⬡
분수	1				

정답 ▶ 92쪽

분수의 덧셈 | 수와 연산 |

패턴블록 정삼각형을 사용하여 ★ 안에 들어갈 수 있는 수는 모두 몇 개인지 구해 보세요.

$$1 < \frac{1}{6} + \frac{\star}{6} < 2$$

◉ ▲를 $\frac{1}{6}$이라고 하면 1은 ▲ ☐ 개로 나타낼 수 있고,

2는 ▲ ☐ 개로 나타낼 수 있습니다.

◉ 1+★은 ☐ 보다 크고, ☐ 보다 작습니다.

◉ ★은 ☐ 보다 크고, ☐ 보다 작습니다.

➔ ★ 안에 들어갈 수 있는 수는 ☐ 부터 ☐ 까지의

수이므로 6, 7, 8, 9, 10의 ☐ 개입니다.

안쌤 Tip

대분수의 덧셈은 자연수는 자연수끼리 더하고 진분수는 진분수끼리 더해요.
또는 대분수를 모두 분모가 같은 가분수로 바꾸어 분자끼리 더해요.

자연수를 <보기>와 같이 두 대분수의 덧셈으로 나타내려고 합니다.
패턴블록 중 한 가지 도형을 이용하여 분모가 4인 두 대분수의 덧셈식
으로 5를 2가지 방법으로 나타내어 보세요. $\left(\text{단, } 4\dfrac{1}{5}+3\dfrac{4}{5}\text{와 } 3\dfrac{4}{5}+4\dfrac{1}{5}\right.$

과 같이 두 분수를 바꾸어 더한 식은 같은 식으로 생각합니다.$\Big)$

> **보기**
>
> $8 = 4\dfrac{1}{5} + 3\dfrac{4}{5},\ 8 = 3\dfrac{2}{5} + 4\dfrac{3}{5}$

⊙ 이용한 패턴블록:

⊙ 방법:

정답 ▶ 93쪽

분수의 뺄셈 | 수와 연산 |

슬아는 리본 $3\frac{2}{7}$ m 중에서 선물을 포장하는 데 $1\frac{5}{7}$ m를 사용했습니다. 패턴블록을 이용하여 사용하고 남은 리본의 길이는 몇 m인지 구해 보세요. (단, 같은 모양의 패턴블록을 여러 개 사용할 수 있습니다.)

◉ 패턴블록 2개를 이용하여 $\frac{7}{7}(=1)$을 나타내어 보세요.

◉ 패턴블록으로 $3\frac{2}{7}$를 나타내어 보세요.

◉ 패턴블록으로 나타낸 $3\frac{2}{7}$에 사용한 리본의 길이만큼 ×표 한 후 남은 리본의 길이를 구해 보세요.

종아가 동화책을 읽고 있습니다. 어제는 전체의 $\frac{3}{11}$을, 오늘은 전체의 $\frac{6}{11}$을 읽었더니 10쪽이 남았습니다. 패턴블록 3개를 이용하여 동화책의 전체 쪽수를 구해 보세요.

⊙ 이용한 패턴블록:

⊙ 방법:

→

05

도형의 이동

| 도형 |

평면도형의 이동을 알아봐요!

Unit 5
01 **도형의 이동**

Unit 5
02 **도형 뒤집기**

Unit 5
03 **도형 돌리기**

Unit 5
04 **뒤집고 돌리기**

도형의 이동 | 도형 |

다음 도형을 각각의 방향으로 뒤집은 모양을 그려 보세요.

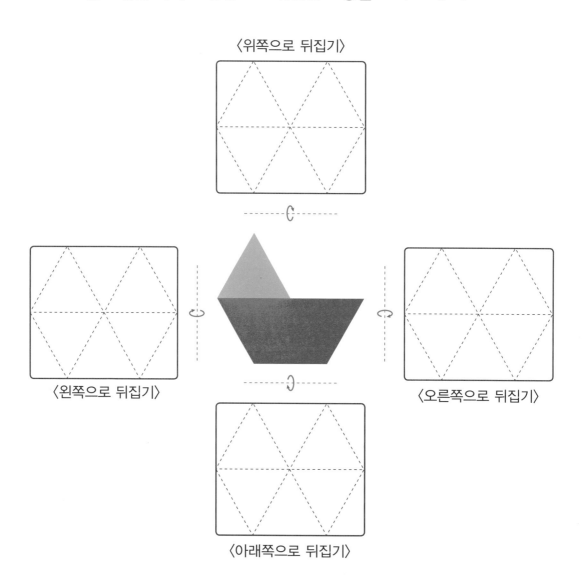

〈위쪽으로 뒤집기〉

〈왼쪽으로 뒤집기〉

〈오른쪽으로 뒤집기〉

〈아래쪽으로 뒤집기〉

패턴블록으로 <보기>와 같은 모양의 도형을 직접 만들어 보고, 만든 도형을 각각의 방향으로 돌려 보세요.

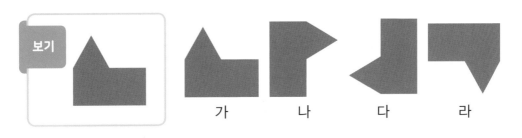

- ◉ 도형을 시계 반대 방향으로 90°만큼( ) 돌린 모양: ☐

- ◉ 도형을 시계 반대 방향으로 180°만큼( ) 돌린 모양: ☐

- ◉ 도형을 시계 반대 방향으로 270°만큼( ) 돌린 모양: ☐

- ◉ 도형을 시계 반대 방향으로 360°만큼( ) 돌린 모양: ☐

- ◉ 도형을 시계 방향으로 90°만큼( ) 돌린 모양: ☐

→ 도형을 시계 방향으로 90°만큼( ) 돌린 모양과 시계 반대 방향으로 270°만큼( ) 돌린 모양은 서로 같습니다.

정답 ▶ 94쪽

02 도형 뒤집기 | 도형 |

다음 도형을 1번 뒤집었을 때 나올 수 없는 모양을 모두 찾아 ○표 해 보세요.

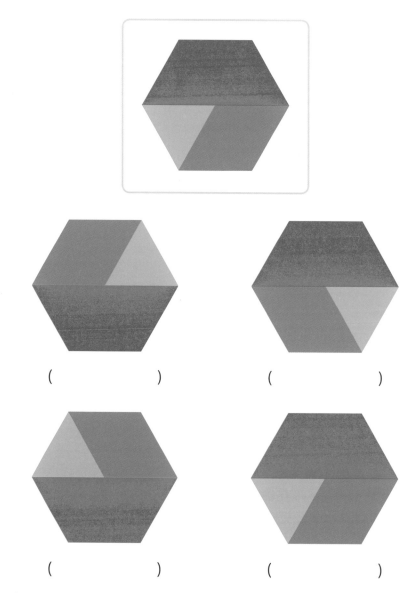

(   )   (   )

(   )   (   )

어떤 도형을 왼쪽으로 5번 뒤집었더니 오른쪽과 같은 도형이 되었습니다. 처음 도형은 어떤 모양인지 왼쪽에 그려 보세요.

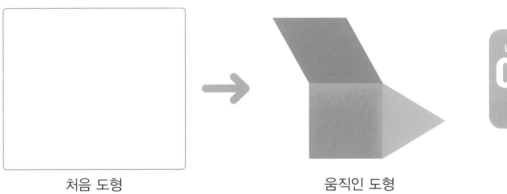

처음 도형   움직인 도형

왼쪽 도형을 2번 움직였더니 오른쪽 도형이 되었습니다. 어떻게 움직였는지 방법을 설명해 보세요.

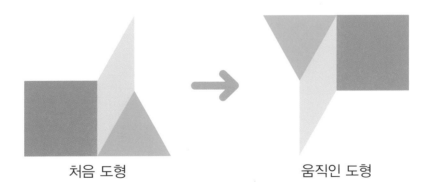

처음 도형   움직인 도형

정답 94쪽

03 도형 돌리기 | 도형 |

다음 도형을 시계 방향으로 270°만큼 3번 돌렸습니다. 단계별로 알맞은 모양을 각각 그려 보세요.

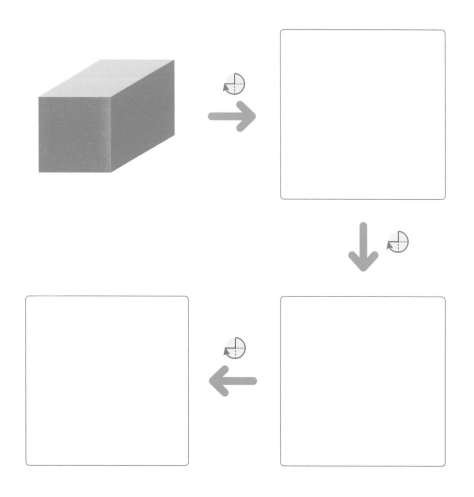

패턴블록으로 다음과 같은 모양의 도형을 직접 만들어 보세요. 만든 도형을
주어진 각도만큼 돌렸을 때의 모양을 각각 그려 보세요.

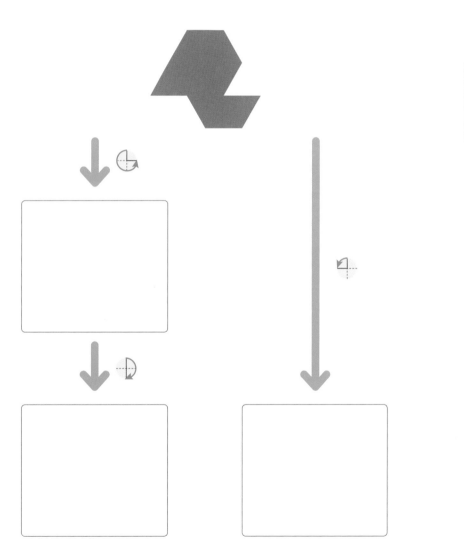

뒤집고 돌리기 │ 도형 │

패턴블록으로 다음과 같은 모양의 도형을 직접 만들어 보세요. 만든 도형을 오른쪽으로 뒤집고 시계 반대 방향으로 270°만큼 돌렸을 때의 모양을 각각 그려 보세요.

패턴블록으로 다음과 같은 모양의 도형을 직접 만들어 보세요. 만든 도형을 시계 방향으로 90°만큼 13번 돌린 모양을 가운데에 그리고, 가운데 도형을 아래쪽으로 7번 뒤집었을 때의 모양을 오른쪽에 그려 보세요.

패턴블록으로 다음과 같은 모양의 도형을 직접 만들어 보세요. 만든 도형을 왼쪽으로 5번 뒤집은 다음 시계 반대 방향으로 90°만큼 6번 돌렸을 때의 모양을 각각 그려 보세요. 또, 처음 모양을 1번만 움직여 마지막 모양과 같은 모양으로 만들 수 있는 방법을 표시해 보세요.

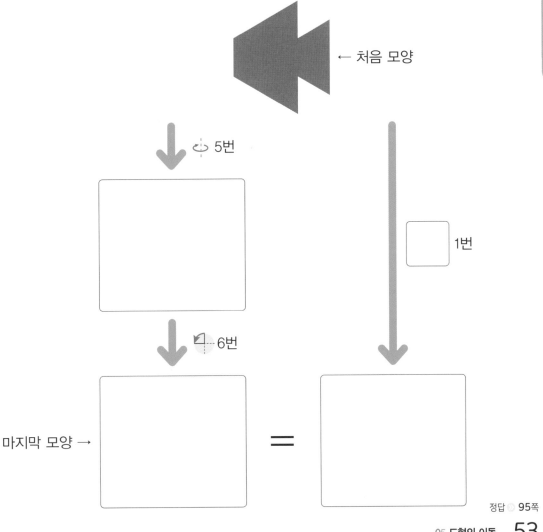

06

각도

| 도형 |

패턴블록으로 **다양한 각**을 만들어 봐요!

Unit 6
01 **각도 알아보기**

Unit 6
02 **90° 만들기**

Unit 6
03 **정십이각형 만들기**

Unit 6
04 **한 점에서 모으기**

01 각도 알아보기 | 도형 |

정삼각형의 한 각의 크기를 이용하여 다른 도형의 한 각의 크기를 구해 보세요.

정삼각형은 세 각의 크기가 같고,

한 각의 크기는 [ ]° 입니다.

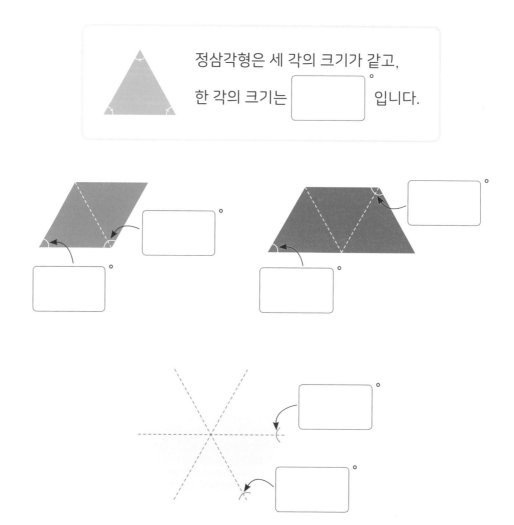

정삼각형과 정사각형을 이용하여
도형의 각도를 구할 수 있어요.

마름모는 이웃하는 두 각의 크기가 서로 다릅니다. 패턴블록을 이용하여 두 각의 크기를 구해 보세요.

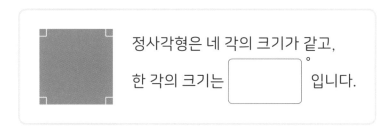

정사각형은 네 각의 크기가 같고,

한 각의 크기는 [   ]° 입니다.

Unit
06

◉ 다음과 같이 마름모 3개를 이어 붙인 곳의 각의 크기를 정사각형의 한 각의 크기와 비교해 보고, 제시된 마름모의 각의 크기를 구해 보세요.

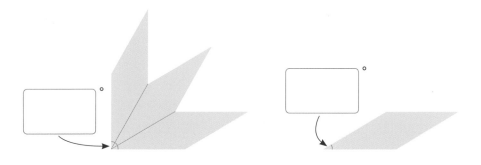

◉ 다음과 같이 정사각형과 정삼각형을 이어 붙인 곳의 각의 크기를 마름모의 나머지 한 각의 크기와 비교해 보세요.

정답 ⊗ 96쪽

02 90° 만들기 | 도형 |

2개 이상의 패턴블록을 이용하여 각도의 합과 차를 구하는 방법으로 90°를 만들어 보세요.

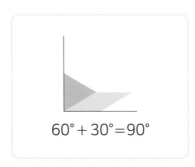

$$60° + 30° = 90°$$

◉ 각도의 합을 구하는 방법

◉ 각도의 차를 구하는 방법

360°에서 270°를 빼면 90°를 만들 수 있습니다. 주어진 개수의 서로 다른 패턴블록을 이용하여 90°를 만들어 보세요.

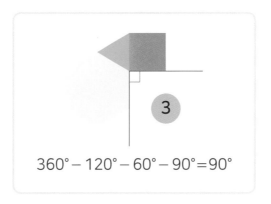

$$360° - 120° - 60° - 90° = 90°$$

정답 ⓒ 96쪽

정십이각형 만들기 | 도형 |

다음은 정십이각형에 대한 설명입니다. 주어진 패턴블록을 이용하여 정십이각형을 만들고, 정십이각형의 한 각의 크기를 구해 보세요.

> ·정십이각형은 변과 꼭짓점의 개수가 각각 12개입니다.
> ·정십이각형의 모든 변의 길이와 모든 각의 크기가 같습니다.

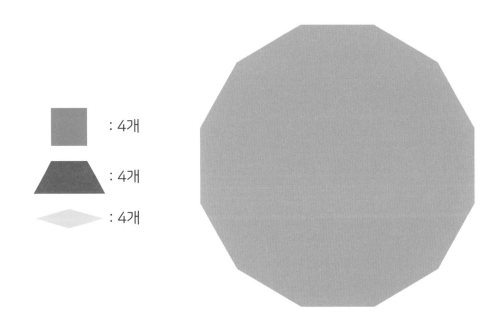

: 4개

: 4개

: 4개

◉ 정십이각형의 한 각의 크기는 [   ]° 입니다.

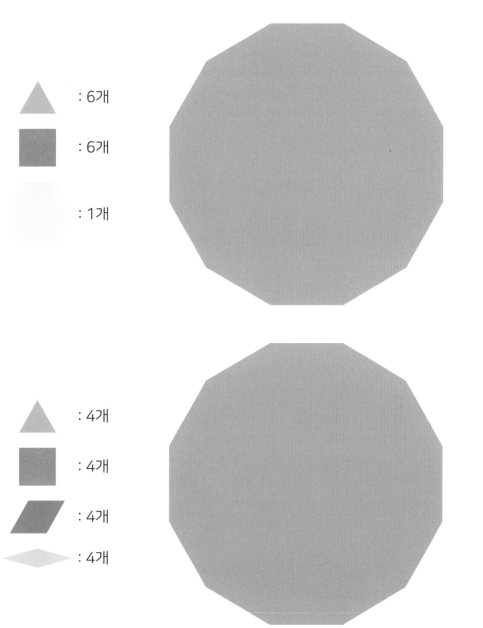

: 6개

: 6개

: 1개

: 4개

: 4개

: 4개

: 4개

한 점에서 모으기 | 도형 |

서로 다른 모양의 패턴블록들이 한 점에 모이도록 빈틈없이 붙여 보세요.

(단, 모든 모양의 패턴블록을 사용하지 않아도 됩니다.)

◉ 한 점에 모인 패턴블록의 각도의 합은 [   ]° 입니다.

105쪽 주사위 전개도를 이용하여 주사위를 만들어요. 패턴블록이 한 점에
모이도록 빈틈없이 먼저 붙이는 사람이 이기는 게임을 할 수 있어요.

**주사위를 굴려 나온 수에 해당하는 패턴블록을 1개씩 한 점에 모이도
록 빈틈없이 붙여 보세요.** (단, 한 점에 모이도록 붙이지 못하는 패턴블록은
다른 변에 붙입니다.)

1	2	3	4	5	6
△	▱	⬭	▢	◇	

◉ 주사위에서 나온 수:

$$\boxed{2} - \boxed{} - \boxed{} - \boxed{} - \boxed{} - \boxed{} - \boxed{} \cdots$$

07

규칙 찾기

| 규칙성 |

패턴을 살펴보며 **규칙**을 찾아봐요!

Unit 7
01 **패턴과 규칙**

Unit 7
02 **규칙 찾기 ①**

Unit 7
03 **규칙 찾기 ②**

Unit 7
04 **테셀레이션**

01 패턴과 규칙 │ 규칙성 │

규칙을 정하여 순서대로 늘어놓았을 때, 이것이 되풀이되는 것을 패턴
이라고 하고, 되풀이되는 부분을 패턴의 마디라고 합니다.

규칙을 찾아 빈칸에 알맞은 도형을 그리고, 패턴의 마디를 찾아 표시
해 보세요.

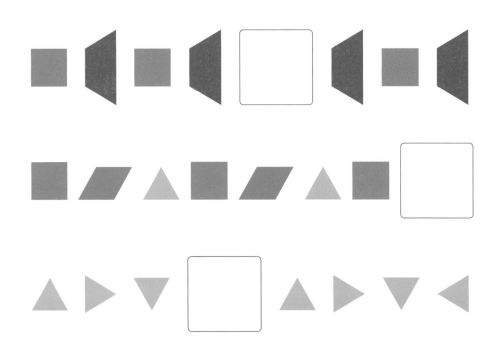

일정한 규칙으로 패턴블록을 배열해 도형을 만들었습니다. 단계별 패턴블록의 개수를 구하고, 도형을 만든 규칙을 설명해 보세요.

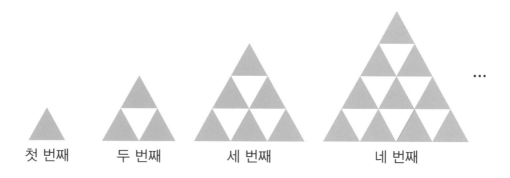

첫 번째   두 번째   세 번째   네 번째

◉ 개수

· 첫 번째: 1개

· 두 번째: $1 + \boxed{} = \boxed{}$ (개)

· 세 번째: $1 + \boxed{} + \boxed{} = \boxed{}$ (개)

· 네 번째: $1 + \boxed{} + \boxed{} + \boxed{} = \boxed{}$ (개)

◉ 규칙: 단계가 진행될 때마다 $\boxed{}$개, $\boxed{}$개, $\boxed{}$개, …씩 늘어납니다.

정답 ▶ 98쪽

02 규칙 찾기 ① | 규칙성 |

패턴블록을 이용하여 다음과 같은 모양을 만들었습니다. 규칙을 찾아 여섯 번째 모양을 그리고, 규칙을 설명해 보세요.

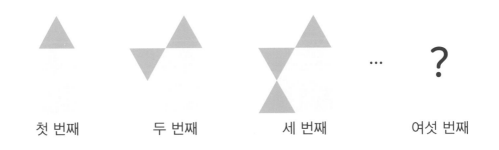

첫 번째   두 번째   세 번째   여섯 번째

◉ 규칙:

패턴블록을 다음과 같이 연결했습니다. 패턴의 마디를 찾아 여섯 번 연결한 모양을 그리고, 규칙을 설명해 보세요.

⊙ 규칙:

03 규칙 찾기 ② | 규칙성 |

일정한 규칙으로 패턴블록을 배열해 도형을 만들었습니다. 네 번째 만들어지는 도형을 그리고, 도형을 만들 때 필요한 두 패턴블록의 개수를 각각 구해 보세요.

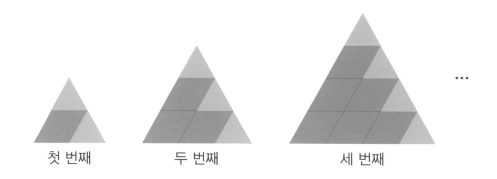

첫 번째   두 번째   세 번째   ...

◉ 네 번째

◉ 방법

·단계별로 필요한 두 패턴블록의 개수는 각각 다음과 같습니다.

구분	의 개수(개)	의 개수(개)
첫 번째	1	2
두 번째	$1+2=3$	$2+1=3$
세 번째		
네 번째		
⋮	⋮	⋮

◉ 필요한 도형의 개수: ☐ 개, ☐ 개

❓ 일곱 번째 도형을 만들 때 필요한 두 패턴블록의 개수를 각각 구해 보세요.

정답 99쪽

패턴블록을 이용하여 다음과 같은 테셀레이션을 만들었습니다.

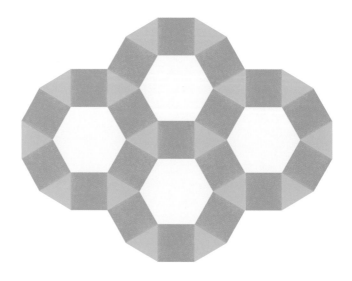

◉ 한 점을 중심으로 (정삼각형 , 정사각형 , 정오각형 , 정육각형)이 모여 있습니다.

◉ 한 점을 중심으로 모인 각의 크기의 합은 ☐° 입니다.

(?) 정삼각형, 정사각형, 정오각형, 정육각형 중에서 한 가지 도형만 사용하여 테셀레이션을 만들 수 없는 도형을 고르고, 그 이유를 설명해 보세요.

같은 모양의 조각들을 이용하여 서로 겹치거나 빈틈없이 늘어
놓아 평면이나 공간을 채우는 것을 테셀레이션이라고 해요.

3가지 모양의 패턴블록을 골라 테셀레이션을 만들어 보세요.

(단, 같은 모양의 패턴블록을 여러 개 사용할 수 있습니다.)

◉ 고른 패턴블록:

◉ 테셀레이션 모양:

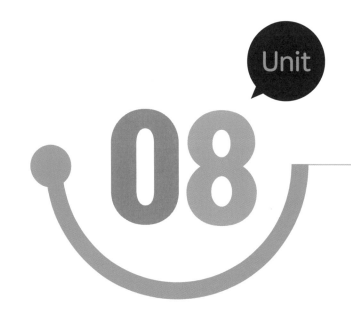

08

패턴블록 퍼즐

| 문제 해결 |

패턴블록 퍼즐을 풀어봐요!

퍼즐의 규칙 | 문제 해결 |

각각의 패턴블록은 모양에 따라 서로 다른 수를 나타냅니다. 가로줄과 세로줄 끝에 적힌 수는 그 줄에 있는 패턴블록이 나타내는 수를 더한 값입니다. 각각의 패턴블록 모양에 해당하는 알맞은 수를 구해 보세요.

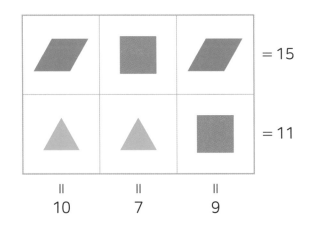

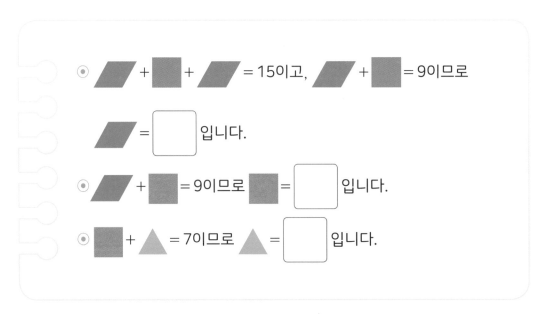

다음 <보기>와 같이 크기가 서로 다른 패턴블록을 연결했습니다. 연결한 규칙을 찾아 패턴블록을 연결해 보세요. (단, 가로, 세로, 대각선 방향으로 연결할 수 있습니다.)

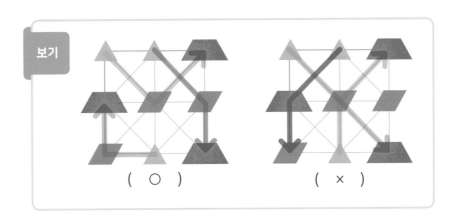

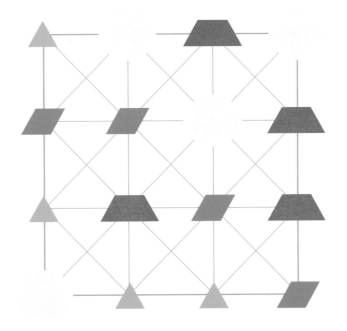

연산 퍼즐 | 문제 해결 |

각각의 패턴블록은 모양에 따라 서로 다른 수를 나타냅니다. 가로줄과
세로줄 끝에 적힌 수는 그 줄에 있는 패턴블록이 나타내는 수를 더한
값입니다. 각각의 패턴블록 모양에 해당하는 알맞은 수를 구해 보세요.

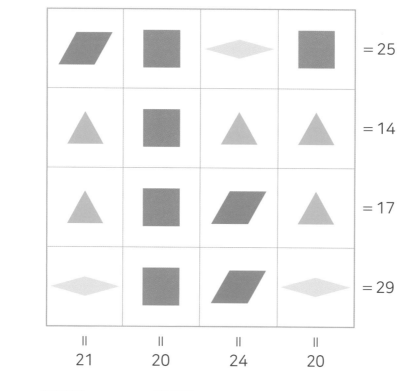

각각의 패턴블록은 모양에 따라 서로 다른 수를 나타냅니다. 가로줄과 세로줄 끝에 적힌 수는 그 줄에 있는 패턴블록이 나타내는 수를 더한 값입니다. 빈칸에 들어갈 알맞은 값을 구해 보세요.

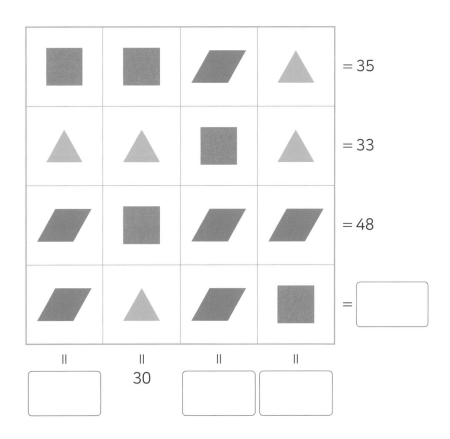

연결 퍼즐 ① | 문제 해결 |

다음 <규칙>에 따라 주어진 두 개의 같은 모양의 패턴블록이 시작점과 끝점이 되어 서로 연결되도록 빈칸에 알맞은 모양을 채워 넣어 보세요.

> **규칙**
> ① 빈칸 없이 모든 칸에 하나의 패턴블록을 채워 넣는다.
> ② 같은 모양의 패턴블록끼리 연결한다.
> ③ 가로, 세로 방향으로 연결할 수 있지만 대각선으로는 연결할 수 없다.
> ④ 연결한 선들이 서로 만나거나 겹치지 않는다.

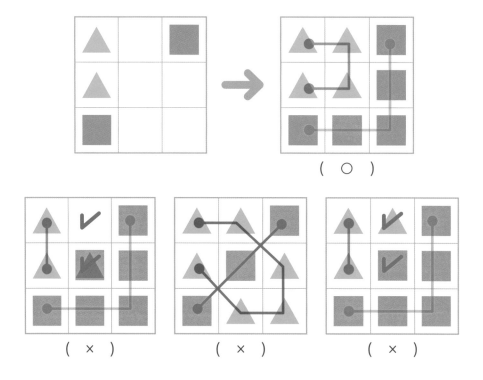

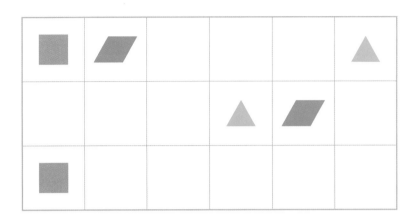

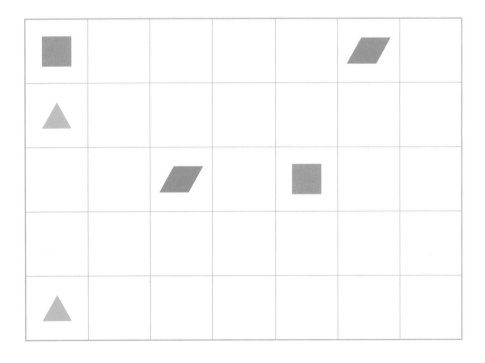

정답 ▷ 101쪽

04 연결 퍼즐 ② | 문제 해결 |

다음 <규칙>에 따라 숫자 1개와 패턴블록 1개를 각각 선으로 연결해 보세요.

> **규칙**
>
> ① 숫자 칸에 쓰인 수만큼 칸을 이동하여 숫자와 패턴블록을 연결한다.
> ② 가로, 세로 방향으로 이동할 수 있지만 대각선으로는 이동할 수 없다.
> ③ 연결한 선들이 서로 만나거나 겹치지 않는다.

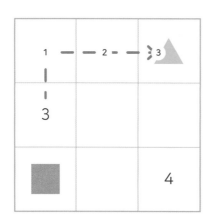

	3	3	
			2
	4		

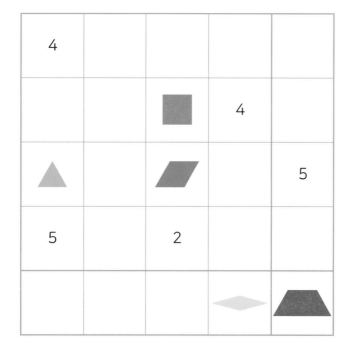

4				
			4	
				5
5		2		

정답 ≫ 101쪽

정답

확인해 볼까요?

Unit

01

패턴블록 | 도형 |

Unit 1
01 패턴블록 살펴보기 | 도형 |

패턴블록을 살펴보고, 각 도형의 이름을 찾아 써넣어 보세요.

| 정삼각형 | 정사각형 | 사다리꼴 | 정육각형 |

정삼각형

정사각형

사다리꼴

평행사변형

마름모

정육각형

6 패턴블록 퍼즐

와 는 모두 네 변의 길이가 같은 마름모이면서 서로 마주 보는 두 쌍의 변이 서로 평행한 평행사변형이지만, 이 책에서는 각각 평행사변형과 마름모라고 부르기로 약속합니다.

알아둡니다
패턴블록은 서로 다른 6개의 도형으로 이루어져 있어요.

패턴블록으로 다음과 같은 도형을 만들었습니다. 패턴블록 정삼각형의 한 변의 길이를 1이라고 할 때, 각 도형의 변의 길이를 각각 구해 보세요.

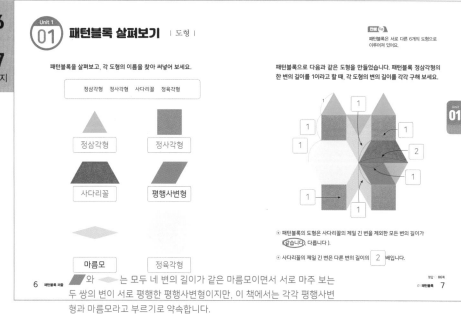

* 패턴블록의 도형은 사다리꼴의 제일 긴 변을 제외한 모든 변의 길이가 (**같습니다**, 다릅니다).
* 사다리꼴의 제일 긴 변은 다른 변의 길이의 **2** 배입니다.

정답 : 86쪽

01 패턴블록 7

Unit 1
02 크기 비교하기 | 도형 |

패턴블록 정삼각형의 크기를 1이라고 할 때, 각 도형의 크기는 정삼각형의 몇 배인지 구해 보세요.

2	배
3	배
6	배

(?) 패턴블록 정육각형의 크기는 평행사변형과 사다리꼴의 크기의 몇 배인지 각각 구해 보세요.
· 정육각형의 크기는 평행사변형의 크기의 3배입니다.
8 패턴블록 퍼즐 · 정육각형의 크기는 사다리꼴의 크기의 2배입니다.

패턴블록을 이용하여 크기가 같은 오각형을 만들었습니다. 오각형을 이루는 정사각형과 마름모의 크기를 비교해 보세요.

① 왼쪽 도형은 정삼각형 1개와 정사각형 1개로 이루어져 있고, 오른쪽 도형은 마름모 2개와 정삼각형 1개로 이루어져 있습니다.
② 두 도형에서 공통으로 들어있는 정삼각형을 제외하면 왼쪽 도형은 정사각형 1개, 오른쪽 도형은 마름모 2개입니다.
→ 패턴블록 정사각형의 크기는 마름모의 크기의 **2** 배입니다.

정답 : 86쪽

01 패턴블록 9

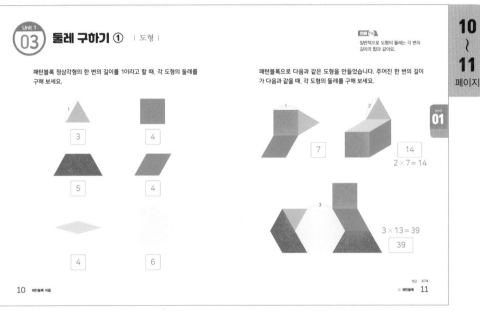

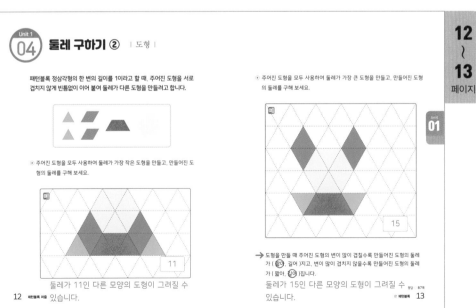

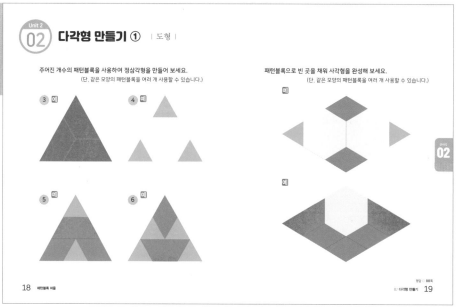

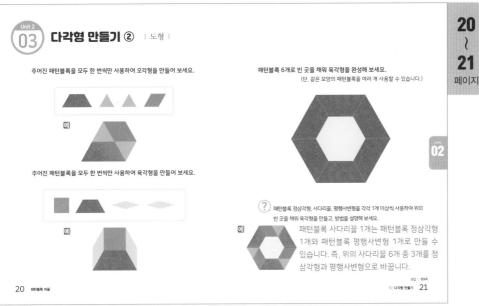

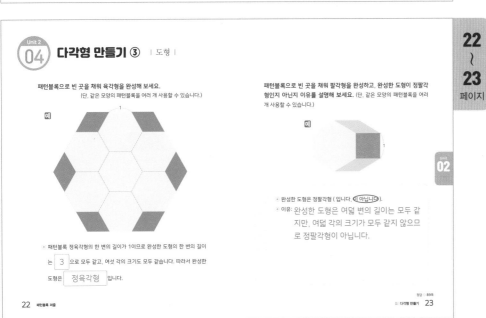

모양 만들기 │ 도형 │

26 ~ 27 페이지

Unit 3
01 **수 모양 만들기** │ 도형 │

패턴블록으로 다음과 같은 모양의 두 자리 수를 만들었습니다. 빈칸에 알맞은 수를 써넣어 보세요.

· 패턴블록으로 만든 두 자리 수는 **37** 입니다.

· 십의 자리 수는 ▲ **3** 개, ◢ **4** 개,

◆ **1** 개로 만들었습니다.

· 일의 자리 수는 ▲ **1** 개, ◼ **3** 개,

▱ **4** 개로 만들었습니다.

주어진 개수의 패턴블록으로 빈 곳을 채워 수 모양을 각각 완성해 보세요.

예
▲ : 3개
◢ : 2개
◢ : 3개
▲ : 3개

예
▲ : 4개
◼ : 10개
◢ : 4개
◢ : 6개

28 ~ 29 페이지

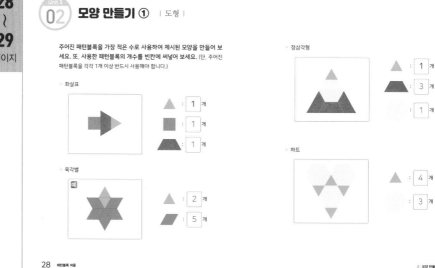

Unit 3
02 **모양 만들기 ①** │ 도형 │

주어진 패턴블록을 가장 적은 수로 사용하여 제시된 모양을 만들어 보세요. 또, 사용한 패턴블록의 개수를 빈칸에 써넣어 보세요. (단, 주어진 패턴블록을 각각 1개 이상 반드시 사용해야 합니다.)

· 화살표

▲ : **1** 개
◢ : **1** 개
◢ : **1** 개

· 육각별

예
▲ : **2** 개
◇ : **5** 개

· 정삼각형

▲ : **1** 개
▲ : **3** 개
▲ : **1** 개

· 하트

▲ : **4** 개
▽ : **3** 개

Unit
03

03 모양 만들기 ② | 도형 |

패턴블록으로 다음과 같은 자동차 모양을 직접 만들어 보고, 사용한 패턴블록의 개수를 써넣어 표를 완성해 보세요.

모양	▲	■	▱
개수(개)	2	5	2
모양	▰	◇	⬡
개수(개)	8	2	2

패턴블록으로 다음과 같은 달팽이 모양을 직접 만들어 보고, 사용한 패턴블록의 개수를 써넣어 표를 완성해 보세요.

예

모양	▲	■	▱
개수(개)	4	1	4
모양	▰	◇	⬡
개수(개)	4	2	1

다양한 방법으로 주어진 모양을 만들 수 있습니다. 자신이 만든 방법의 패턴블록의 개수를 써넣어 표를 완성합니다.

30 패턴블록 퍼즐

0 · 모양 만들기 31

04 모양 나누기 | 도형 |

만들기 Tip
사각형에는 사다리꼴, 평행사변형, 마름모, 정사각형 등이 포함돼요.

패턴블록으로 여러 가지 모양을 만들려고 합니다. 조건을 만족하도록 제시된 모양을 패턴블록 모양으로 각각 나누고, 직접 만들어 보세요.

· 조건: 삼각형 1개, 사각형 5개로 나눕니다.

예

· 조건: 삼각형 2개, 사각형 7개, 육각형 1개로 나눕니다.

예

각각의 모양이 조건을 만족하도록 다양한 방법으로 나눌 수 있습니다.

· 조건: 삼각형 3개, 사각형 7개, 육각형 1개로 나눕니다.

예

· 조건: 삼각형 1개, 사각형 13개, 육각형 1개로 나눕니다.

예

32 패턴블록 퍼즐

정답 · 91쪽
0 · 모양 만들기 33

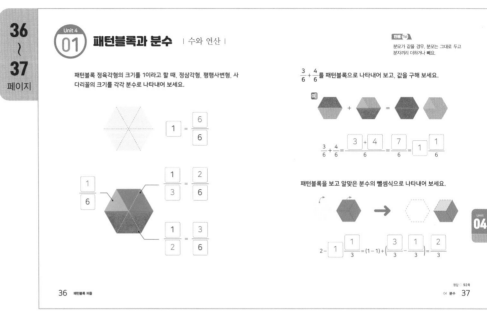

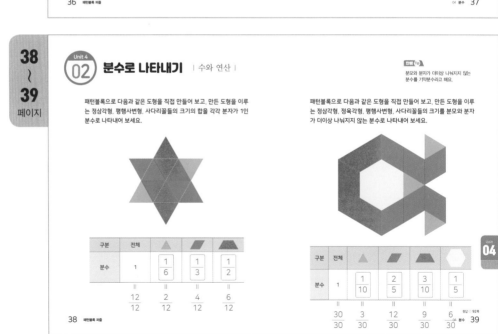

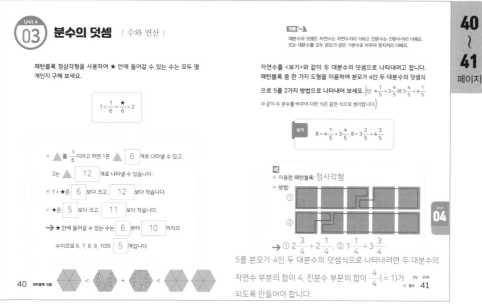

40 ~ 41
페이지

Unit 4
03 분수의 덧셈 | 수와 연산 |

패턴블록 정삼각형을 사용하여 ★ 안에 들어갈 수 있는 수는 모두 몇 개인지 구해 보세요.

$$1 < \frac{1}{6} + \frac{★}{6} < 2$$

• ▲를 $\frac{1}{6}$이라고 하면 1은 ▲ 6 개로 나타낼 수 있고, 2는 ▲ 12 개로 나타낼 수 있습니다.

• 1+★은 6 보다 크고, 12 보다 작습니다.

• ★은 5 보다 크고, 11 보다 작습니다.

→ ★ 안에 들어갈 수 있는 수는 6 부터 10 까지의 수이므로 6, 7, 8, 9, 10의 5 개입니다.

40 패턴블록 퍼즐

팁!
대분수의 덧셈은 자연수는 자연수끼리 더하고 진분수는 진분수끼리 더해요.
또는 대분수를 모두 분모가 같은 가분수로 바꾸어 분자끼리 더해요.

자연수를 <보기>와 같이 두 대분수의 덧셈으로 나타내려고 합니다. 패턴블록 중 한 가지 도형을 이용하여 분모가 4인 두 대분수의 덧셈식으로 5를 2가지 방법으로 나타내어 보세요. (단, $4\frac{1}{5} + 3\frac{4}{5}$와 $3\frac{4}{5} + 4\frac{1}{5}$과 같이 두 분수를 바꾸어 더한 식은 같은 식으로 생각합니다.)

보기
$$8 = 4\frac{1}{5} + 3\frac{4}{5}, \ 8 = 3\frac{2}{5} + 4\frac{3}{5}$$

예
• 이용한 패턴블록: 정사각형
• 방법:

→ ① $2\frac{3}{4} + 2\frac{1}{4}$, ② $1\frac{1}{4} + 3\frac{3}{4}$

5를 분모가 4인 두 대분수의 덧셈식으로 나타내려면 두 대분수의 자연수 부분의 합이 4, 진분수 부분의 합이 $\frac{4}{4}(=1)$가 되도록 만들어야 합니다.

정답 93쪽

(4) 분수 41

42 ~ 43
페이지

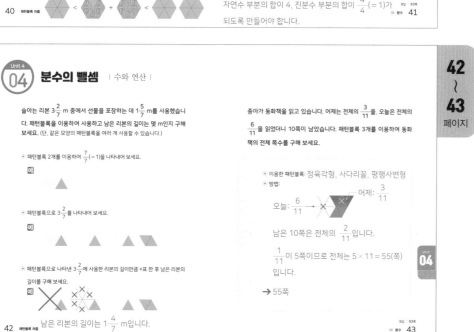

Unit 4
04 분수의 뺄셈 | 수와 연산 |

슬아는 리본 $3\frac{2}{7}$ m 중에서 선물을 포장하는 데 $1\frac{5}{7}$ m를 사용했습니다. 패턴블록을 이용하여 사용하고 남은 리본의 길이는 몇 m인지 구해 보세요. (단, 같은 모양의 패턴블록을 여러 개 사용할 수 있습니다.)

• 패턴블록 2개를 이용하여 $\frac{7}{7}(=1)$을 나타내어 보세요.

예

• 패턴블록으로 $3\frac{2}{7}$를 나타내어 보세요

예

• 패턴블록으로 나타낸 $3\frac{2}{7}$에 사용한 리본의 길이만큼 ×표 한 후 남은 리본의 길이를 구해 보세요.

예

남은 리본의 길이는 $1\frac{4}{7}$ m입니다.

42 패턴블록 퍼즐

종아가 동화책을 읽고 있습니다. 어제는 전체의 $\frac{3}{11}$을, 오늘은 전체의 $\frac{6}{11}$을 읽었더니 10쪽이 남았습니다. 패턴블록 3개를 이용하여 동화책의 전체 쪽수를 구해 보세요.

• 이용한 패턴블록: 정육각형, 사다리꼴, 평행사변형
• 방법:
어제: $\frac{3}{11}$
오늘: $\frac{6}{11}$ ✕

남은 10쪽은 전체의 $\frac{2}{11}$입니다.

$\frac{1}{11}$이 5쪽이므로 전체는 $5 \times 11 = 55$(쪽) 입니다.

→ 55쪽

정답 93쪽

(4) 분수 43

05

off

Unit

도형의 이동 | 도형 |

off

off

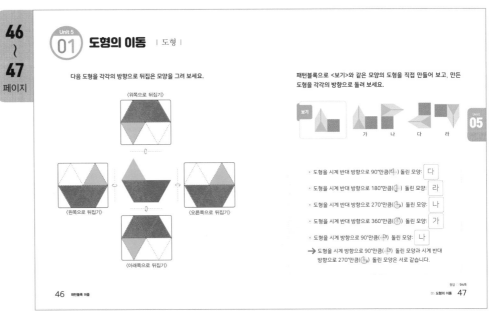

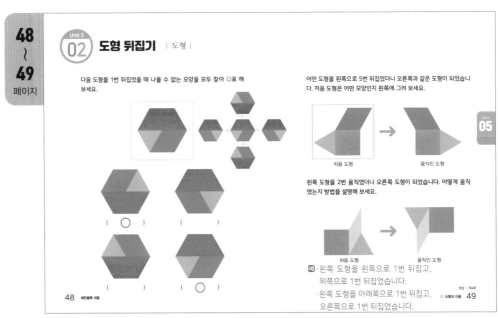

off

off

94 　패턴블록 퍼즐

Unit 5
03 **도형 돌리기** | 도형 |

다음 도형을 시계 방향으로 270°만큼 3번 돌렸습니다. 단계별로 알맞은 모양을 각각 그려 보세요.

패턴블록으로 다음과 같은 모양의 도형을 직접 만들어 보세요. 만든 도형을 주어진 각도만큼 돌렸을 때의 모양을 각각 그려 보세요.

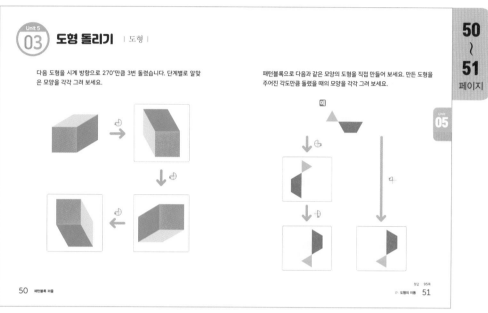

Unit 5
04 **뒤집고 돌리기** | 도형 |

패턴블록으로 다음과 같은 모양의 도형을 직접 만들어 보세요. 만든 도형을 오른쪽으로 뒤집고 시계 반대 방향으로 270°만큼 돌렸을 때의 모양을 각각 그려 보세요.

패턴블록으로 다음과 같은 모양의 도형을 직접 만들어 보세요. 만든 도형을 시계 방향으로 90°만큼 13번 돌린 모양을 가운데 그리고, 가운데 도형을 아래쪽으로 7번 뒤집었을 때의 모양을 오른쪽에 그려 보세요.

패턴블록으로 다음과 같은 모양의 도형을 직접 만들어 보세요. 만든 도형을 왼쪽으로 5번 뒤집은 다음 시계 반대 방향으로 90°만큼 6번 돌렸을 때의 모양을 각각 그려 보세요. 또, 처음 모양을 1번만 움직여 마지막 모양과 같은 모양으로 만들 수 있는 방법을 표시해 보세요.

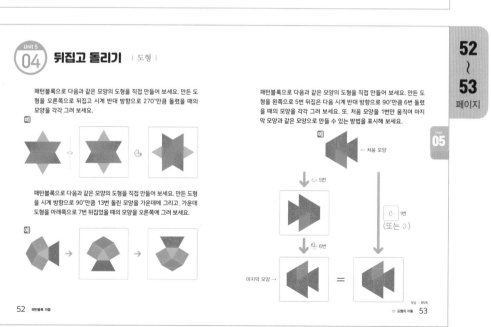

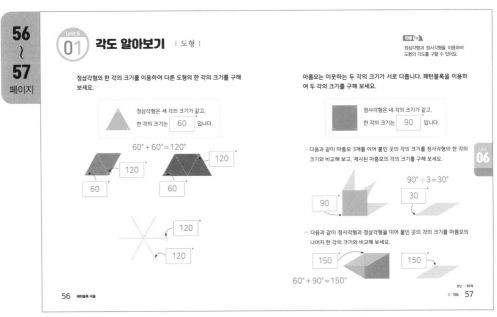

Unit 6
01 각도 알아보기 | 도형 |

안내 1차시
정삼각형과 정사각형을 이용하여
도형의 각도를 구할 수 있어요.

정삼각형의 한 각의 크기를 이용하여 다른 도형의 한 각의 크기를 구해
보세요.

정삼각형은 세 각의 크기가 같고,
한 각의 크기는 60 입니다.

60° + 60° = 120°

120
60
120
60

120
120

마름모는 이웃하는 두 각의 크기가 서로 다릅니다. 패턴블록을 이용하
여 두 각의 크기를 구해 보세요.

정사각형은 네 각의 크기가 같고,
한 각의 크기는 90 입니다.

다음과 같이 마름모 3개를 이어 붙인 곳의 각의 크기를 정사각형의 한 각의
크기와 비교해 보고, 제시된 마름모의 각의 크기를 구해 보세요.

90° ÷ 3 = 30°

90
30

다음과 같이 정사각형과 정삼각형을 이어 붙인 곳의 각의 크기를 마름모의
나머지 한 각의 크기와 비교해 보세요.

150
150

60° + 90° = 150°

56 패턴블록 퍼즐

정답 96쪽
이 · 각도 57

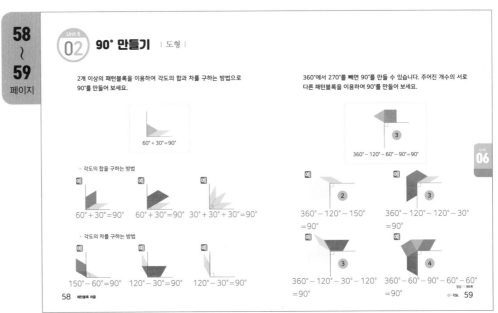

Unit 6
02 90° 만들기 | 도형 |

2개 이상의 패턴블록을 이용하여 각도의 합과 차를 구하는 방법으로
90°를 만들어 보세요.

60° + 30° = 90°

· 각도의 합을 구하는 방법

예 60° + 30° = 90°
예 60° + 30° = 90°
예 30° + 30° + 30° = 90°

· 각도의 차를 구하는 방법

예 150° − 60° = 90°
예 120° − 30° = 90°
예 120° − 30° = 90°

360°에서 270°를 빼면 90°를 만들 수 있습니다. 주어진 개수의 서로
다른 패턴블록을 이용하여 90°를 만들어 보세요.

3
360° − 120° − 60° − 90° = 90°

예 2
360° − 120° − 150°
= 90°

예 3
360° − 120° − 120° − 30°
= 90°

예 3
360° − 120° − 30° − 120°
= 90°

예 4
360° − 60° − 90° − 60° − 60°
= 90°

58 패턴블록 퍼즐

정답 96쪽
이 · 각도 59

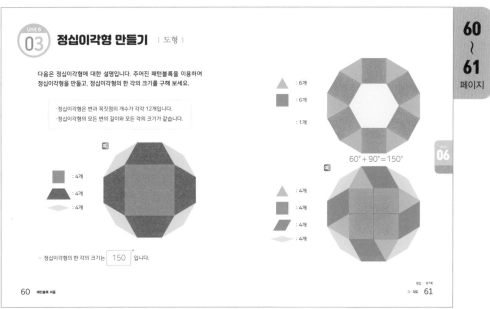

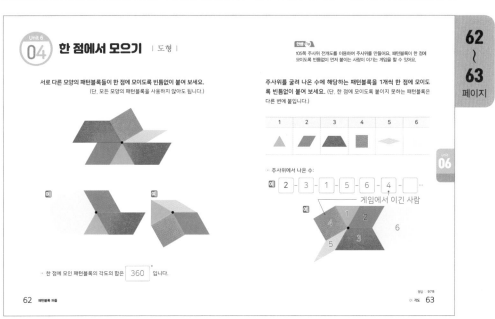

07 규칙 찾기 | 규칙성 |

Unit 7 01 패턴과 규칙 | 규칙성 |

규칙을 정하여 순서대로 늘어놓았을 때, 이것이 되풀이되는 것을 패턴이라고 하고, 되풀이되는 부분을 패턴의 마디라고 합니다.

규칙을 찾아 빈칸에 알맞은 도형을 그리고, 패턴의 마디를 찾아 표시해 보세요.

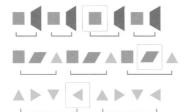

일정한 규칙으로 패턴블록을 배열해 도형을 만들었습니다. 단계별 패턴블록의 개수를 구하고, 도형을 만든 규칙을 설명해 보세요.

첫 번째   두 번째   세 번째   네 번째

- 개수
  - 첫 번째: 1개
  - 두 번째: 1 + 2 = 3 (개)
  - 세 번째: 1 + 2 + 3 = 6 (개)
  - 네 번째: 1 + 2 + 3 + 4 = 10 (개)
- 규칙: 단계가 진행될 때마다 2 개, 3 개, 4 개, …씩 늘어납니다.

66 패턴블록 퍼즐

Unit 7 02 규칙 찾기 ① | 규칙성 |

패턴블록을 이용하여 다음과 같은 모양을 만들었습니다. 규칙을 찾아 여섯 번째 모양을 그리고, 규칙을 설명해 보세요.

첫 번째   두 번째   세 번째   …   여섯 번째

- 규칙: ★에서 시작하여 시계 반대 방향으로 육각형의 한 변에 정삼각형을 1개씩 이어 붙였습니다.

패턴블록을 다음과 같이 연결했습니다. 패턴의 마디를 찾아 여섯 번 연결한 모양을 그리고, 규칙을 설명해 보세요.

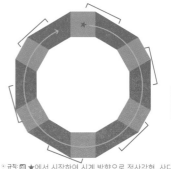

- 규칙: 예 ★에서 시작하여 시계 방향으로 정사각형, 사다리꼴의 순서로 번갈아 가며 이어 붙였습니다.

68 패턴블록 퍼즐

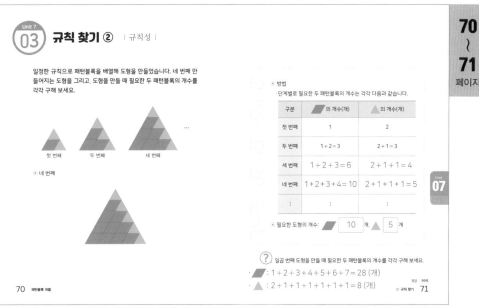

70 ~ 71 페이지

Unit 7 03 규칙 찾기 ② | 규칙성 |

일정한 규칙으로 패턴블록을 배열해 도형을 만들었습니다. 네 번째 만들어지는 도형을 그리고, 도형을 만들 때 필요한 두 패턴블록의 개수를 각각 구해 보세요.

첫 번째 / 두 번째 / 세 번째 / ...

◦ 네 번째

• 방법
· 단계별로 필요한 두 패턴블록의 개수는 각각 다음과 같습니다.

구분	의 개수(개)	의 개수(개)
첫 번째	1	2
두 번째	1 + 2 = 3	2 + 1 = 3
세 번째	1 + 2 + 3 = 6	2 + 1 + 1 = 4
네 번째	1 + 2 + 3 + 4 = 10	2 + 1 + 1 + 1 = 5
⋮	⋮	⋮

• 필요한 도형의 개수: ▱ 10 개 ▲ 5 개

(?) 일곱 번째 도형을 만들 때 필요한 두 패턴블록의 개수를 각각 구해 보세요.
· ▱ : 1 + 2 + 3 + 4 + 5 + 6 + 7 = 28 (개)
· ▲ : 2 + 1 + 1 + 1 + 1 + 1 + 1 = 8 (개)

70 패턴블록 퍼즐

정답 99쪽
07 규칙 찾기 71

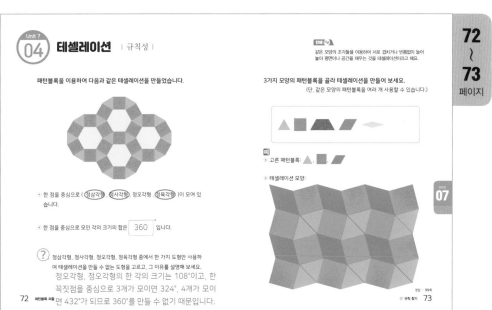

72 ~ 73 페이지

Unit 7 04 테셀레이션 | 규칙성 |

패턴블록을 이용하여 다음과 같은 테셀레이션을 만들었습니다.

• 한 점을 중심으로 (정삼각형, 정사각형, 정오각형, 정육각형)이 모여 있습니다.

• 한 점을 중심으로 모인 각의 크기의 합은 360° 입니다.

(?) 정삼각형, 정사각형, 정오각형, 정육각형 중에서 한 가지 도형만 사용하여 테셀레이션을 만들 수 없는 도형을 고르고, 그 이유를 설명해 보세요.
정오각형, 정오각형의 한 각의 크기는 108°이고, 한 꼭짓점을 중심으로 3개가 모이면 324°, 4개가 모이면 432°가 되므로 360°를 만들 수 없기 때문입니다.

(안쌤 Tip) 같은 모양의 조각들을 이용하여 서로 겹치거나 빈틈없이 늘어놓아 평면이나 공간을 채우는 것을 테셀레이션이라고 해요.

3가지 모양의 패턴블록을 골라 테셀레이션을 만들어 보세요.
(단, 같은 모양의 패턴블록을 여러 개 사용할 수 있습니다.)

▷ 예
• 고른 패턴블록: ▲, ▱

• 테셀레이션 모양:

72 패턴블록 퍼즐

정답 99쪽
07 규칙 찾기 73

08 Unit

패턴블록 퍼즐 | 문제 해결 |

76 ~ 77 페이지

Unit 8 01 퍼즐의 규칙 | 문제 해결 |

각각의 패턴블록은 모양에 따라 서로 다른 수를 나타냅니다. 가로줄과 세로줄 끝에 적힌 수는 그 줄에 있는 패턴블록이 나타내는 수를 더한 값입니다. 각각의 패턴블록 모양에 해당하는 알맞은 수를 구해 보세요.

다음 <보기>와 같이 크기가 서로 다른 패턴블록을 연결했습니다. 연결한 규칙을 찾아 패턴블록을 연결해 보세요. (단, 가로, 세로, 대각선 방향으로 연결할 수 있습니다.)

규칙: 패턴블록의 크기가 작은 것부터 큰 순서대로 한 번씩만 연결했습니다.

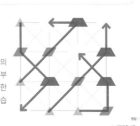

76 패턴블록 퍼즐

01 패턴블록 퍼즐 77

정답: 100쪽

78 ~ 79 페이지

Unit 8 02 연산 퍼즐 | 문제 해결 |

각각의 패턴블록은 모양에 따라 서로 다른 수를 나타냅니다. 가로줄과 세로줄 끝에 적힌 수는 그 줄에 있는 패턴블록이 나타내는 수를 더한 값입니다. 각각의 패턴블록 모양에 해당하는 알맞은 수를 구해 보세요.

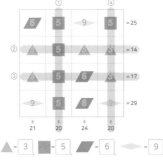

△ = 3   ■ = 5   ▱ = 6   ◇ = 9

① ▱ + ■ + ▱ + ■ = 20, ■ = 5
② ▱ + ■ + ▱ + △ = 14, △ + 5 + ▱ + △ = 14, △ = 3
③ △ + ■ + ▱ + ▱ = 17, 3 + 5 + ▱ + 3 = 17, ▱ = 6
④ ■ + △ + △ + ◇ = 20, 5 + 3 + 3 + ◇ = 20, ◇ = 9

78 패턴블록 퍼즐

각각의 패턴블록은 모양에 따라 서로 다른 수를 나타냅니다. 가로줄과 세로줄 끝에 적힌 수는 그 줄에 있는 패턴블록이 나타내는 수를 더한 값입니다. 빈칸에 들어갈 알맞은 값을 구해 보세요.

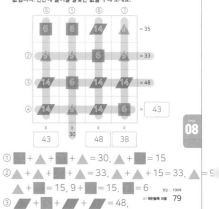

① ■ + △ + ▱ + △ = 30, △ + ■ = 15
② △ + △ + ▱ + ▱ = 33, △ + ▱ + 15 = 33, △ = 9
   ■ = 15, 9 + ■ = 15, ■ = 6
③ ▱ + △ + ▱ + ▱ = 48,
   ▱ + 6 + ▱ + ▱ = 48, ▱ = 14
④ ▱ + △ + ▱ + ■ = 14 + 9 + 14 + 6 = 43
⑤ ■ + △ + ▱ + ▱ = 6 + 9 + 14 + 14 = 43
⑥ ▱ + ■ + ▱ + ▱ = 14 + 6 + 14 + 14 = 48
⑦ △ + △ + ▱ + ■ = 9 + 9 + 14 + 6 = 38

02 패턴블록 퍼즐 79

정답: 100쪽

Unit 8

03 연결 퍼즐 ① | 문제 해결 |

다음 <규칙>에 따라 주어진 두 개의 같은 모양의 패턴블록이 시작점과 끝점이 되어 서로 연결되도록 빈칸에 알맞은 모양을 채워 넣어 보세요.

> **규칙**
> ① 빈칸 없이 모든 칸에 하나의 패턴블록을 채워 넣는다.
> ② 같은 모양의 패턴블록끼리 연결한다.
> ③ 가로, 세로 방향으로 연결할 수 있지만 대각선으로는 연결할 수 없다.
> ④ 연결한 선들이 서로 만나거나 겹치지 않는다.

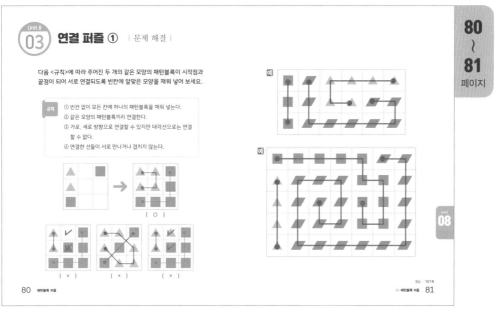

정답 101쪽

Unit 8

04 연결 퍼즐 ② | 문제 해결 |

다음 <규칙>에 따라 숫자 1개와 패턴블록 1개를 각각 선으로 연결해 보세요.

> **규칙**
> ① 숫자 칸에 쓰인 수만큼 칸을 이동하여 숫자와 패턴블록을 연결한다.
> ② 가로, 세로 방향으로 이동할 수 있지만 대각선으로는 이동할 수 없다.
> ③ 연결한 선들이 서로 만나거나 겹치지 않는다.

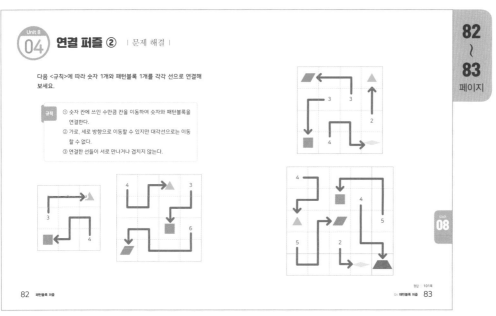

정답 101쪽

패턴블록

※ 패턴블록을 가위로 오려 사용하세요.

주사위 전개도

※ 주사위 전개도를 가위로 오린 후 접어서 주사위를 만들어요.

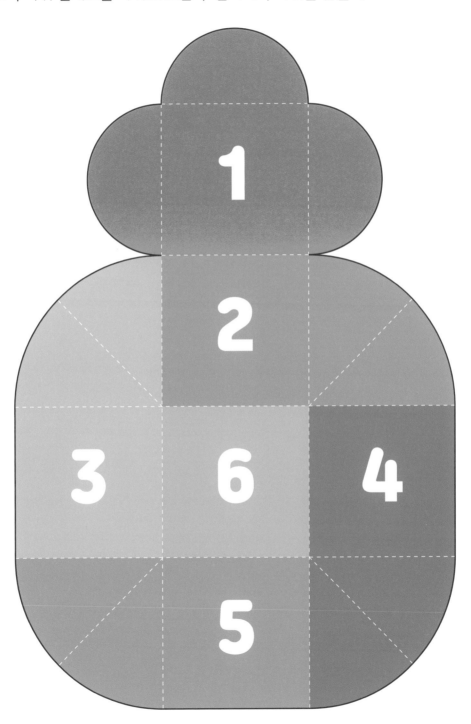

좋은 책을 만드는 길
독자님과 함께하겠습니다.

도서나 동영상에 궁금한 점, 아쉬운 점, 만족스러운 점이
있으시다면 어떤 의견이라도 말씀해 주세요.
SD에듀는 독자님의 의견을 모아 더 좋은 책으로 보답하겠습니다.

www.sdedu.co.kr

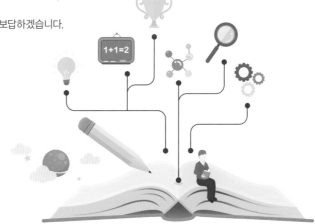

안쌤의 사고력 수학 퍼즐 패턴블록 퍼즐

초 판 발 행	2022년 10월 05일 (인쇄 2022년 08월 26일)
발 행 인	박영일
책 임 편 집	이해욱
저 자	안쌤 영재교육연구소
편 집 진 행	이미림 · 이여진 · 피수민
표지디자인	조혜령
편집디자인	양혜련
발 행 처	(주)시대교육
공 급 처	(주)시대고시기획
출 판 등 록	제 10-1521호
주 소	서울시 마포구 큰우물로 75 [도화동 538 성지 B/D] 9F
전 화	1600-3600
팩 스	02-701-8823
홈 페 이 지	www.sdedu.co.kr
I S B N	979-11-383-3080-0 (63410)
정 가	12,000원

※ 이 책은 저작권법의 보호를 받는 저작물이므로 동영상 제작 및 무단전재와 배포를 금합니다.
※ 잘못된 책은 구입하신 서점에서 바꾸어 드립니다.

영재교육의 모든 것

SD에듀가 상위 1%의 학생이 되는 기적을 이루어 드립니다.

안쌤	수달쌤	수박쌤
안재범	**이상호**	**박기훈**

영재교육 프로그램

☑ 창의사고력 대비반   ☑ 영재성검사 모의고사반   ☑ 면접 대비반   ☑ 과고 · 영재고 합격완성반

수강생을 위한 프리미엄 학습 지원 혜택

영재맞춤형 **최신 강의 제공**	영재로 가는 필독서 **최신 교재 제공**	핵심만 담은 **최적의 커리큘럼**
PC + 모바일 **무제한 반복 수강**	스트리밍 & 다운로드 **모바일 강의 제공**	쉽고 빠른 피드백 **카카오톡 실시간 상담**

*SD*에듀 **안쌤 영재교육연구소** | www.sdedu.co.kr

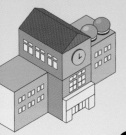

시대교육이 준비한
특별한 학생을 위한,
최상의 학습 시리즈

 B

 **C**

초등영재로 가는 지름길,
안쌤의 창의사고력 수학 실전편 시리즈

- 영역별 기출문제 및 연습문제
- 문제와 해설을 한눈에 볼 수 있는 정답 및 해설
- 초등 3~6학년

안쌤의 수·과학 융합 특강

- 초등 교과와 연계된 24가지 주제 수록
- 수학사고력+과학탐구력+융합사고력
  동시 향상

A

안쌤의 STEAM+창의사고력
수학 100제, 과학 100제 시리즈

- 영재성검사 기출문제
- 창의사고력 실력다지기 100제
- 초등 1~6학년, 중등

Coming Soon!

- 신박한 과학 탐구 보고서
- 영재들의 학습법

※도서명과 이미지, 구성은 변경될 수 있습니다.

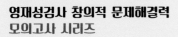

E

수학이 쑥쑥! 코딩이 척척!
초등코딩 수학 사고력 시리즈

- 초등 SW 교육과정 완벽 반영
- 수학을 기반으로 한 SW 융합 학습서
- 초등 컴퓨팅 사고력+수학 사고력 동시 향상
- 초등 1~6학년, 영재교육원 대비

D

영재성검사 창의적 문제해결력
모의고사 시리즈

- 영재성검사 기출문제
- 영재성검사 모의고사 4회분
- 초등 3~6학년, 중등

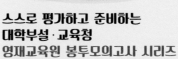

F

스스로 평가하고 준비하는
대학부설·교육청
영재교육원 봉투모의고사 시리즈

- 영재교육원 집중 대비 · 실전 모의고사 3회분
- 면접 가이드 수록
- 초등 3~6학년, 중등

AI와 함께하는
영재교육원 면접 특강

- 영재교육원 면접의 이해와 전략
- 각 분야별 면접 문항
- 영재교육 전문가들의 연습문제

시대교육만의 영재교육원 면접
SOLUTION

1 "영재교육원 AI 면접 온라인 프로그램 무료 체험 쿠폰"

도서를 구매한 분들께 드리는 **특별한 혜택**	Coupon	쿠폰번호 YHJ – 66134 – 15199 유효기간: ~2022년 12월 31일

- **01** 도서의 쿠폰번호를 확인합니다.
- **02** WIN시대로[https://www.winsidaero.com]에 접속합니다.
- **03** 홈페이지 오른쪽 상단 영재교육원  AI 면접 배너를 클릭합니다.
- **04** 회원가입 후 로그인하여 [쿠폰 등록]을 클릭합니다.
- **05** 쿠폰번호를 정확히 입력합니다.
- **06** 쿠폰 등록을 완료한 후, [주문 내역]에서 이용권을 사용하여 면접을 실시합니다.

※ 무료 쿠폰으로 응시한 면접에는 별도의 리포트가 제공되지 않습니다.

2 "영재교육원 AI 면접 온라인 프로그램"

- **01** WIN시대로[https://www.winsidaero.com]에 접속합니다.
- **02** 홈페이지 오른쪽 상단 영재교육원 AI 면접 배너를 클릭합니다.
- **03** 회원가입 후 로그인하여 [상품 목록]을 클릭합니다.
- **04** 학습자에게 꼭 맞는 다양한 상품을 확인할 수 있습니다.

KakaoTalk 안쌤 영재교육연구소

안쌤 영재교육연구소에서 준비한 더 많은 면접 대비 상품
(동영상 강의 & 1:1 면접 온라인 컨설팅)을 만나고 싶다면
안쌤 영재교육연구소 카카오톡에 상담해 보세요.

www.winsidaero.com